FAMILIA III. — *PLOCEIDÆ.*

Textores. Vieill. *Anal.* (1816).

Les *Plocéidés* ou *Tisserins* sont tous des oiseaux africains, si l'on en excepte les *Moineaux,* qui sont leurs représentants en Europe. Ils sont remarquables par l'art avec lequel ils tissent leurs *Nids;* de là le nom de *Ploceus,* πλοκεύς, *tisserand.*

Bec fort, à arête convexe, pénétrant un peu entre les plumes du front. Des poils aux commissures. Ailes courtes. Couleurs parfois très éclatantes, mais cela seulement chez des espèces exotiques.

Anatomie. La carotide gauche existe seule. (Garrod).

Propagation. Nid de forme sphéroïdale, avec l'entrée latérale; construit avec des Graminées sèches. (D. Murs).

Œuf de forme ovée très allongée. Coquille d'un grain fin; blanc intérieurement et sans reflet. Fond blanc plus ou moins pur, tacheté de gris et de brunâtre. (D. Murs).

—

TRIBUS. — *PLOCEINÆ.*

Bec robuste, fort; convexe, presque droit, aigu; son arête entaillant les plumes du front, sa pointe un peu fléchie. Bords des Mandib. un peu rentrés. Narines ovoïdes, couvertes, ailes médiocres. Plumage offrant parfois des teintes très vives. (Lesson).

—

STIRPS. — *PASSEREÆ*.

Les Moineaux. Gérardin, *Tabl. Orn.* (1806).
PLOCEPASSEREÆ. D. Murs, *R. Z.* p. 25. (1860).

Bec robuste, assez court, à base moins large que la tête, un peu renflé vers la pointe. (Degl.). Teintes du plumage peu voyantes.

Nids volumineux, construits avec négligence, placés dans des trous d'arbres ou de murailles.

« ... D'après leur genre de nidification, les *Moineaux* nous « ont toujours paru devoir être rapprochés des TISSERINS « et faire partie de la Sous-Famille des *Ploceinæ*. Ce qu'il y a « effectivement de plus remarquable dans la nidification des « *Tisserins*, c'est que leur nid, au lieu d'avoir, comme chez « les autres *Fringillidées*, la forme d'une coupe ou demi- « sphère concave en dessus, présente, au contraire, celle « d'un sphéroïde plus ou moins allongé, concave intérieu- « rement, avec l'entrée latérale, ou même en dessous; c'est « que les matériaux employés à ces *Nids* sont toujours d'une « seule et même espèce par chaque nid, quelles que soient « les différentes espèces de *Tisserins*; c'est-à-dire des tiges « de Graminées sèches..... Contre l'usage de presque tous « les autres *Fringillidées*, qui isolent leurs Nids de ceux de « leurs semblables, les *Tisserins*, au contraire, les construi- « sent en grand nombre sur le même arbre.... Eh bien! en « France, nos *Moineaux* sont les seules Espèces de la nom- « breuse Famille des *Fringillidées*, qui, comme les *Tisserins*, « composent des *Nids* très gros et de forme sphéroïdale

« avec l'entrée latérale, qui les construisent de Graminées « sèches..... et qui les rapprochent ou même les accolent « plusieurs ensemble. ... Si ensuite on compare nos deux « Espèces de *Moineaux* avec certaines Espèces de *Tisserins* à « plumage sombre, tels que le *Plocepasser Mahali* de Smith...., « on trouve entre eux tant de rapports de coloration, que si « on ne savait que ces derniers sont des *Tisserins* par leur « *nidification*, on serait disposé au premier abord à les ranger « avec les *Moineaux*..... Quant aux formes, elles offrent les « plus grands rapports, dans les pattes surtout et dans le « bec. Pour s'en convaincre, il suffit de les comparer avec « le *Worabée*, le *Diochrose*, l'*Oryx* et le *Fouli*.....

« D'après nos observations sur les Genres à adopter ou à « retrancher dans cette Sous-Famille *Ploceinæ*, nous la com- « poserions de la manière suivante :

« 1° Genre Textor. T.
« 2° G. Ploceus. Cuv.
« 3° G. Plocepasser. Smith.
« 4° G. Passer. Klein.
« 5° G. Vidua. Cuv.
« 6° G. Videstrelda. Lafr. » (Lafresn. *R. Z.* p. 515-526. 1850).

—

GENUS. *PASSER*. Klein, *Verb. Hist. d. Vög*. p. 90. (1760).

PYRGITA. Boie, *Isis* (1822).

Passer « Du latin *passim*, quia *passim* volitant. » (Charleton, *Onomasticon*. p. 78).
Pyrgita de Πύργος, tour. Πυργίτης. Στρουθός, moineau qui fait son nid dans des tours. (Planche, *Dict. grec.*)

Bords de la Mandib. supér. rentrés. Narines couvertes par des plumes courtes. Les trois premières Rém. les plus longues: 2e, 3e et 4e rétrécies sur leurs barbes extér. près de l'extrémité. Queue peu échancrée. Sexes semblables ou dissemblables.

BIBLIOGRAPHIE. Brehm (C. L.). Ueber *Sperlinge.* (*Isis* p. 884. 1842. — *Passer.* (*Naumannia* p. 376. 1856.)

Bureau. (L.). Note sur la reproduction des *Passer hispaniolensis, P. domesticus* et *P. montanus.* (*Bullet. Soc. Zool. de France* p. 191. (1876).

Keyserling (A.) et Blasius (J.) Ueber ein Zoologisches Kennzeichen der Ordnungen der *Sperlingsartigen* oder *Singvögel.* (*Wiegm. Arch.* 5ter Jahrg. I. p. 332. 1839).

—

1. PASSER. DOMESTICUS. Br. *Ornith.* III. p. 721. (1760).

FRINGILLA DOMESTICA. L. *Syst.* 183. (1758).
Spatz. Klein, *Verb. Hist. de Vög.* p. 90. (1760).
PASSER DOMESTICUS. Salerne, *Ornith.* p. 262. (1767).
Le Moineau. B. *Ois.* III. p. 474 pl. 29. f. 1. (1775). — Le *Moineau franc.* Id. *enl.* 184. f. 1. *masc.* f. 2. jeune *masc.*
Sparrow. Penn. Arct. Zool. III. p. 73. (1792).
PYRGITA DOMESTICA. Boie, *Isis,* p. 554. (1822).
P. DOMESTICA, VALIDA, MINOR, PAGORUM, RUSTICA, BRACHYRHYNCHOS, INTERCEDENS et RUFIDORSALIS. Brehm. *Handb.* p. 264-266. (1831). — Id. *Vogelf.* p. 98. (1855).
..... Gould. *Eur.* pl. 184. f. 1. (1837).
PYRGITA RUSTICA, VALIDA, MACRORYOCHOS, DOMESTICA, BRACHYRHYNCHOS et INTERCEDENS. Brehm, *Vogelf.* p. 888 et suiv (1842).

Norvégien *Gråspurv.* (Stejneger).
Suédois. *Graspink. Gråsparf. Husfink.* (Nilss.).

PASSER PYRRHONOTUS. Blyth. *J. A. S.* p. 496. (1844).

Ressemble beaucoup à *P. domesticus* de l'Inde; s'en distingue par une taille plus petite, le bec plus faible et les plumes du croupion d'un marron clair, au lieu d'être d'un olive verdâtre. Long. 4 3/4 inch. Aile 2 5/8". Queue 2 1/4". Bec depuis le front 15/6". Tarse 5/8". (Blyth).

HABITAT. Buhawalpore (Blyth).

Danois. *Almindoling. Spurv.* (Teilmann).

Allemand. *Sperling. Spatz. Felddieb. Hausdieb. Gerstendieb. Kornsperling. Lüning. Speicherdieb. Kornwerfer. Hofsperling.* Thuringe. *Lops.* (Bechst.)

Hollandais. *Husmusch.* (Schleg.).

Anglais. *Sparrow. House-Sparrow.* (Willughby). *Common-House Sparrow.* (Charleton).

Français. *Moineau.* (Belon). « Cestuy est nommé vn *Moineau*, pour « ce qu'il semble porter un froc de la couleur des enfumez. » (Belon.)

« En allemand, *Sperling* ou *Spatz*. Schwenckfeld dérive le mot latin « *Passer* de *patiendo*, parce qu'il tombe du mal caduc. En Gascogne, « *Lou mau de las Passeras*, c'est-à-dire, le *mal des Moineaux* ou *Pas-* « *sereaux*, parce qu'ils y sont sujets. On nomme cet oiseau en Pro- « vence *Passeron*; en Saintonge, *Passière*; en Guyenne, un *Passerat*; « en Languedoc, un *Parat*; en Picardie, un *Pierrot* ou *Moinet*; à Paris, « un *Pierrot*; à Nantes, *Paisse* ou *Paisserelle*; en Basse-Normandie, « *Grand* ou *Gros Pillery* ou *Guillery*; ailleurs, *Moisson* ou *Mouisson*, « *Mousset, Paisse, Passe, Passereau, gros Moineau, Moineau commun* « ou *ordinaire, franc Moineau*. On disait autrefois *Moinel* pour *Moi-* « *neau*. Quant au mot *Moineau*, il vient selon Belon, de *Moine*..... « Pierre Borel le fait venir du mot Μόνος, solitaire; d'où vient aussi, « selon lui, le mot de *Moine*. M. l'abbé Prévost, dans son *Manuel Lexi-* « *que*, est de ce dernier sentiment..... Et comme l'Ecriture leur donne « le nom de *solitaires*, il paraît que *Moineau* vient, comme *Moine*, du

---

PASSER FLAVEOLUS. Blyth, *J. A. S.* p. 496. (1846).

Ressemble au *Moineau commun*, à l'exception que son dos n'est pas tacheté. Taille petite. Le jaune domine dans le plumage. Bec grêle. (Blyth).

Mâle. Dessus de la tête et croupion d'un vert clair tirant au jaunâtre. Joues et côtés de la tête d'un jaune assez étendu. Le reste des parties infér. d'un jaune sale. Un trait de l'œil au bec et tache gutturale d'un noir foncé. Sinciput, manteau et tiers antérieur des ailes, marron. Une bande blanche sur l'aile, formée par l'extrémité de la petite rangée des Couv. Le reste des ailes et la queue sont d'une teinte foncée, les plumes étant bordées de brun jaunâtre. Bec noir (à l'époque de la reproduction). Pieds bruns. (Blyth).

Femelle. D'un brun pâle en dessus, plus foncé sur le manteau. Une bande blanche étroite sur les ailes. Raie sourcilière, joues et parties infér. d'un jaunâtre clair. Bec brun clair. Long. 5". Aile 2 3/4". Queue 2". Bec 7/6". Tarse 5/8". (Blyth).

HABITAT. Arracan. (Blyth).

« mot grec qui signifie seul. » (Salerne). Seine-Inf. *Pierrot. Moisson* « (Lemetteil). Savoie. *Moinôt. Passeraz. Pierrôt.* (Bailly). Charente « *Pierrot.* (de Rochebrune). Gard. *Passeroun d'Estéculé.* (Crespon). Morbihan. *Frilip-golvan.* (Taslé).

Espagnol. *Gorrion.* (Guirao).

Portugais. *Pardal.* (A. C. Smith).

Italien. *Passere.* (Aldrow.).

MALE. *Dessus de la tête d'un cendré brunâtre. De chaque côté et à partir du niveau du milieu de l'œil s'étend en arrière jusqu'au bas du cou une bande marron. Manteau et Scapul. avec des mèches noires bordées de roux sombre. Petites Tectr. Supraal. marron. Les moyennes noires, terminées par une tache blanche. Croupion gris brunâtre. Rectr. plus foncées. Côtés du cou blancs. Menton, gorge et devant du cou, noirs. Parties infér. d'un gris blanchâtre. Bec noir. Pieds brunâtres. Long. tot.* 0m155.

FEMELLE. *Dessus de la tête et du cou brun cendré. Taches dorsales sur un fond brun cendré bordées de brun roussâtre clair. Bande transversale de l'aile d'un*

PASSER ARBOREUS. v. Heugl. *Fn. Roth. Meer.* n° 171. (1861).

PASSER DOMESTICUS *ex Afr. orient.* Rüpp.

PASSER INDICUS. Jard. et Selb. *Illustr. orn.* pl. 18. (1825).

PASSER DOMESTICUS. Blyth, *J. A. S.* p. 496. (1844).
PYRGITA DOMESTICA. J. E. Gray, *Hodgs*, Cat. (1846).

Simillimus P. domestico, *sed coloribus vegetioribus, dorso pulchre rufo maculis distinctis; uropygio et pileus dilute griseo.* (Bp.).

HABITAT. Asie mérid. et orient. Ceylan. Cachemire. (Bp.). C. dans la capitale du Royaume de Siam. (Blyth.).

Propagation. Nid volumineux ; diamètre 8 inch. Composé d'herbes fines et de plumes. (Tickell).

Œufs (4) allongés ; d'un blanc sale. Ponte en Juill. (Tickell).

blanc roussâtre sale. Joues brun cendré clair. Sourcils d'un blanc roussâtre sale. Joues brun cendré clair. Gorge blanchâtre. Poitrine et flancs lavés de cendré brunâtre. Région sternale et ventre blancs.

MALE. *Print.* Dessus de la tête d'un cendré un peu brunâtre. De chaque côté et à partir du niveau du milieu de l'œil, s'étend en arrière jusqu'au bas du cou, une bande marron, qui s'élargit toujours postérieurement, et encadre en arrière, en s'avançant un peu en pointe sur les côtés du cou, la région parot. Manteau et scapul. avec des mèches noires bordées de roussâtre. Petites Tectr. supraal. marron; les moyennes noires et terminées par des taches blanches qui forment une bande transversale sur l'aile; les grandes brun noir, bordées de brun roussâtre. Rém. de même. Croupion d'un gris brunâtre. Rectr. d'une teinte plus foncée, moirées de bandes transversales encore plus foncées. Lorums et tour des yeux noirs. Joues et région parot. d'un blanc un peu lavé de brunâtre. Côtés du cou blancs. Une grande tache noire, dilatée sur les côtés de la poitrine. Parties infér. gris blanchâtre. Bec noir. Pieds brunâtres. Iris noisette. Long. tot. 0m155. Bec 0m012. Aile 0m077. Queue 0m057. Tarse 0m02.

MALE. *Aut. Hiver.* Le cendré de la tête est moins pur. Les deux bandes marron des côtés du dessus du cou ont de nombreuses franges roussâtres, et se réunissent derrière le bas du cou qu'elles recouvrent. Taches noires du dos bordées extérieurement de roux jaunâtre. Plumes des ailes un peu frangées de grisâtre, surtout vers le bas. Bec d'un brun jaunâtre.

FEMELLE. Dessus de la tête et du cou brun cendré.

Taches dorsales brun cendré bordées de brun roussâtre clair. Bande transversale de l'aile d'un blanc roussâtre sale. Ailes brunes, bordées de roussâtre terne. Queue un peu plus claire que chez le mâle. Joues et région parot. brun cendré clair. Une bande d'un blanc roussâtre sale prend naissance au dessus du milieu du bord supér. de l'œil et s'étend jusqu'au niveau de l'occiput. Gorge blanchâtre, lavée de cendré brunâtre clair. Poitrine et flancs lavés de cette teinte, mais plus foncée. Région sternale et ventre blancs. Souscaud. lavées et méchées de cendré roussâtre clair.

JEUNE. Ressemble à la Femelle. Teintes moins pures, moins accentuées, offrant moins d'opposition les unes avec les autres.

VARIÉTÉS. 1° Fringilla domestica alba. Bechst. *Naturg. Deutschl.* III. p. 394, 1re éd.

Entièrement blanc, ou d'un gris blanc, ou d'un blanc jaunâtre.

2° Fr. domestica flava. Bechst. *l. c.* p. 395.

Jaune ou tirant sur le brun rouge en dessus. (Bechst.).

3° Fr. domestica nigra. Bechst. *l. c.* p. 395.

Entièrement noir, ou d'un brun noir. (Bechst.).

4° Fr. domestica nigrocinerea. Bechst. *l. c.*

D'un bleu noir, ou d'un cendré foncé. Gorge noire. Vertex d'un brun rouge peu marqué. (Bechst.).

5° Fr. domestica varia. Bechst. *l. c.*

Blanc, avec des taches de la couleur ordinaire. Tête et queue blanches, ainsi que quelques Rém., le reste comme d'ordinaire.

6° Fr. domestica cinerea. Bechst. *l. c.* p. 396.

Fond du plumage gris cendré, avec des taches d'un brun foncé. (Beschst.).

Habitat. Norvège, C. (Stejneger). Suède. Bodön. Wagön, seraient les lieux les plus septentrionaux de son Habitat. Suivant v. Wright, il cesse de se montrer en Laponie vers le 60°10'. (Nilss.). Jukasjervi. (Malm). Toutes les années à Tornéä : se montre surtout lorsque les céréales sont abondantes. En 1838, cet oiseau ne s'est pas avancé plus loin que Munio et Torneä ; l'année suivante cependant, il s'est hasardé jusqu'au 60°. (Sundev.). Upsal, C. (A. Mesch.). Dalécarlie. C. (Lundborg). Gothland, riche. S'avance en Norvège jusqu'à Bode, 67°. (Wallengr). Sylt. (Rafn). Danemark. (Teilmann). St.-Pétersbourg. Archangel. (Liljeb.). Sarepta. (Moeschl.) Russie mérid. (Radde). Finlande, C C. C. (M. v. Wright). Bulgarie. (O. Finsch.) Turquie d'Europe. (Elwes et Buckley). Gallicie. (Wodzicki). Allemagne, C. C. (Bechst.) Silésie, C. C. (Gloger). Thuringe orient. Le nombre s'en est accru. (Th. Liebe, *J. f. O.* p. 14. 1878). Bavière, C. C. (Koch). Tyrol. (Althammer). Styrie. (Seidensacher). Suisse. (Meissner et Schinz). Obwald. Canton de Fribourg. Grindelwald. Valais. (L. O.-G.). Belgique, Séd. C. (A. Dubois). Guernesey, C. C. (C. Smith). Alsace. (Kroener). Lorraine. (Godron). Seine-Inf. C. C. (Lemetteil). Jura, C. C (Ogérien). Côte-d'Or, C. C. *Les Moineaux qui habitent la gare du chemin de fer à Dijon sont sujets à passer au noir. Exposés presque constamment à la fumée des locomotives, ils passent souvent au noir foncé.* (Marchant). Savoie, C. C. On cesse de le rencontrer seulement dans les régions où l'on ne cultive pas les grains qui servent le plus à sa pâture. (Bailly). Rhône, C. C. (L. O.-G.). Dauphiné. (Bouteille). Allier, C. C. (Olivier). Loiret. (Nouel). Eure-et Loir, C. C. C. Se réunit vers la mi-août en bandes très nombreuses, dévastant les champs de blé qui commencent à mûrir. (Marchand). Anjou. (Vincelot). Sarthe, C. C. (Gentil). Manche, C. C. (Le Mennicier). Morbihan, C. (Taslé). Loire-Inf., C. C. (Blandin) Charente-Inf. C. C. (Beltrém.). Charente, C. C. C (de Rochebrune). Haute-Vienne, C. (L. O.-G.). B.-Pyrénées, Landes. Gironde. (Dubalen). Haute-Loire. (Moussier). Gard, C. C. (Crespon). Haute-Garonne. Ariège, Gers, Hérault, Hautes-Pyrénées, Tarn et Tarn-et-Garonne, Pyrénées-Orient., C. C. (Lacroix). Belgique, C. C. (de Sélys). Hollande, C. C. (Schleg.), Toute la Grande-Bretagne, jusqu'aux iles occid. et septentr. de l'Ecosse. (A. G. More). Santander. C. (H. Irby). Galice, C. (D. Francisco). Murcie, C. C. (Guirao). Andalousie. (H. Irby). Baléares. (A. v. Homeyer). Portugal; *les sujets de cette contrée ont des plumes rousses sur la tête.* (A. C.

Smith). Grèce. Séd. (Linderm). Epire. (T. Powys). Naxos ; les villes et les villages, mais pas (G. C. Krüper). Cyclades. (Erhard).

Alger. (Loche). Maroc. (H. Irby). Egypte. (S. G. Allen). Séd. en Egypte, Nubie, dans quelques villes situées au N. de la Mer Rouge, vers le Nil bleu, au Kordofan. Pas observé dans l'Abyssinie orient., ni vers le Nil blanc. (v Heugl. *J. f. O.* p. 82-83. 1868).

A été introduit à Saint-Louis aux Etats-Unis. (J. G. Merill, *American Naturalist* p. 50-51. 1876).

Habite actuellement la Havane et ses faubourgs, où il s'est multiplié d'une manière prodigieuse; il tend encore à se propager dans d'autres localités avoisinantes. (Gund.).

« Près de l'Ienissei, j'ai remarqué cette Espèce pour la dernière fois « à Worogowo, 61° Lat. Sept. Plus au N. *le Moineau ordinaire* paraît « être remplacé par le *P. campestris.* (v. Middend. *Sibir. Reise*). « Toute la Russie et les lieux cultivés de la Sibérie. Dans les contrées « orient. cet oiseau suit les progrès de la culture ; il ne s'avance pas « plus loin que la ville de Tschetschinsk. On l'a cependant rencontré « dans les solitudes de la Daourie, entre les fleuves Onon et Argun, « où il niche sur les rochers. » (Pall.).

Voyez pour la distribution géographique du *Moineau* dans la Russie septentr. : H. Seebohm et J. A. Harvie Brown, *Ibis* p. 114. 1876. Calcutta, *Identique aux sujets d'Europe.* (Sundev.).

Moeurs. « Dans quelque contrée qu'il habite, on ne le trouve ja- « mais dans les lieux déserts, ni même dans ceux qui sont éloignés « du séjour de l'homme ; les *Moineaux* sont comme les rats attachés « à nos habitations; ils ne se plaisent ni dans les bois, ni dans les « vastes campagnes ; on a même remarqué qu'il y en a plus dans les « villes que dans les villages, et qu'on n'en voit point dans les ha- « meaux et dans les fermes qui sont au milieu des forêts. Ils suivent « la société pour vivre à ses dépens. Comme ils sont paresseux et « gourmands, c'est sur des provisions toutes faites, c'est-à-dire sur le « bien d'autrui, qu'ils prennent leur subsistance. Nos granges et nos « greniers, nos basse-cours, nos colombiers, tous les lieux, en un mot, « où nous rassemblons, où nous distribuons des grains, sont les lieux « qu'ils fréquentent de préférence ; et comme ils sont aussi voraces « que nombreux, ils ne laissent pas de faire plus de tort que leur Es- « pèce ne vaut, car leur plume ne sert à rien, leur chair n'est pas « bonne à manger, leur voix blesse l'oreille, leur familiarité est incom- « mode, leur pétulance grossière est à charge ; ce sont de ces gens « que l'on trouve partout et dont on n'a que faire, si propres à donner « de l'humeur, que dans certains endroits on les a frappés de pro- « scription en mettant à prix leur vie. (En Allemagne, dans beaucoup

« de villages, on oblige les paysans à apporter chaque année un cer-
« tain nombre de têtes de *Moineau*. (Frisch. I. art. 7.). Et ce qui les
« rendra éternellement incommodes, c'est non-seulement leur très
« nombreuse multiplication, mais encore leur défiance, leur finesse,
« leurs ruses et leur opiniâtreté à ne pas désemparer les lieux qui leur
« conviennent: ils sont fins, peu craintifs, difficiles à tromper: ils re-
« connaissent aisément les pièges qu'on leur tend..... Si vous les tirez
« sur leurs arbres ou sur les toits, ils ne s'en recèlent que mieux dans
« vos greniers; il faut à peu près vingt livres de blé par an pour nour-
« rir un couple de *Moineaux*..... Que l'on juge par leur nombre de la
« déprédation que ces oiseaux font de nos grains, car, quoiqu'ils nour-
« rissent leurs petits d'insectes dans le premier âge, et qu'ils en man-
« gent eux-mêmes en assez grande quantité, leur principale nourriture
« est notre meilleur grain. Ils suivent le laboureur dans le temps des
« semailles, les moissonneurs pendant celui de la récolte, les batteurs
« dans les granges, la fermière lorsqu'elle jette le grain à ses vo-
« lailles, ils le cherchent dans les colombiers et jusque dans le jabot
« des jeunes Pigeons, qu'ils percent pour l'en tirer. Ils mangent aussi
« les mouches à miel..... Lorsqu'ils sont pris jeunes, ils ont assez de
« docilité pour obéir à la voix, s'instruire et retenir quelque chose du
« chant des oiseaux auprès desquels on les met. Naturellement fami-
« liers, ils le deviennent encore davantage dans la captivité.... Comme
« ils ne quittent jamais notre climat et qu'ils sont toujours autour de
« nos maisons, il est aisé de les observer et de reconnaître qu'ils vont
« ordinairement seuls ou par couples. Il y a cependant deux temps
« dans l'année où ils se rassemblent, non pas pour voler en troupe,
« mais pour se réunir et piailler tous ensemble, l'Aut. sur les saules
« le long des rivières, et le Print. sur les *Epiceas* et autres arbres
« verts. C'est le soir qu'ils se rassemblent, et dans la bonne saison ils
« passent la nuit sur les arbres: mais en Hiv., ils sont souvent seuls,
« ou avec leurs femelles dans un trou de muraille ou sous les tuiles
« de nos toits..... » B.).

« Quoique le *Moineau domestique* vive à côté de l'homme, il le craint
« cependant à tel point, qu'il le fuit dès qu'il voit que ses yeux sont
« dirigés de son côté; les pièges et les poursuites dont il est l'objet le
« rendent si rusé et si farouche, qu'il sait très bien échapper à toutes
« les embûches. Ce n'est que la jouissance d'une tranquillité longtemps
« prolongée qui est capable de le rendre plus confiant..... Ni son
« port ni ses allures ne sont capables de le rendre agréable. Ses mou-
« vements sont tristes; il tient ses jambes de façon que son ventre
« semble toucher le sol, et sa démarche à terre est sautillante et mal-
« adroite. Son vol est plus rapide. Son chant ne consiste qu'en stro-
« phes entrecoupées et fortes, qu'il fait entendre de concert avec plu

« sieurs de ses pareils, vers les premiers beaux jours du Print., aux « premiers rayons du soleil..... Son cri d'appel principal au moment « de la reproduction est *Dieb;* aussi les enfants lui ont-ils donné le « nom de *Dieb,* voleur..... » (Bechst.)

« En *Savoie* il est très commun, et on cesse de le rencontrer seule- « ment dans les régions où l'on ne cultive pas les grains qui servent « le plus à sa pâture. Il devient néanmoins de plus en plus rare dans « la Haute-Maurienne, depuis Saint-Michel jusqu'à la pente méridio- « nale du Mont-Cenis. On le voyait encore pendant la belle saison à « Lans-le-Bourg, il y a quelques années; mais c'est en vain qu'on « l'y cherche aujourd'hui. On prétend que ce sont les *Martinets de* « *murailles* qui sont parvenus à l'en chasser, ces derniers s'emparant « de son nid et dévorant les œufs ou les petits à peine éclos. Ces « oiseaux vivent en réalité de nos jours, à chaque Eté, dans cette « localité, pour s'y reproduire, sous les toits des plus hautes maisons « et dans les mêmes cavités qu'occupait le *Moineau,* avant son éloi- « gnement de ces lieux. Je les y ai vus en assez grande quantité en « Juill 1851 et 1852; on m'assurait alors que le *Moineau* n'existait « déjà plus à Bramans, et qu'à Modane l'on n'en comptait plus que « deux ou trois couples autour du clocher seulement. — Le *Moineau* « se plaît au sein des villes et des villages, dans les murs des maisons « habitées, auprès des basses-cours et des colombiers, ainsi que dans « les champs qui les avoisinent..... Les jeunes se retirent dans les « champs ensemencés, surtout dans les blés, où ils causent aux agri- « culteurs des dommages souvent considérables; ils ne semblent ja- « mais rassasiés des grains d'orge, ni des grains de seigle et de fro- « ment..... Après les nichées terminées, les vieux *Moineaux* viennent « souvent grossir ces troupes avec leur dernière famille..... A peine « les bandes qui habitent la campagne n'y trouvent-elles plus de « champ de froment à dévaster, qu'elles se réfugient auprès des habi- « tations. En y arrivant, elles se dissolvent d'habitude et se répandent « çà et là pour vivre en plus petit nombre..... Le *Moineau* s'élève « très bien..... A l'état sauvage, il n'est pas moins une charge conti- « nuelle pour l'homme. Aussi, dans plusieurs pays, met-on sa tête à « prix; il mange ses premiers fruits, dévore ses récoltes, et veut par- « tager souvent malgré lui son domicile. Imprudent parasite, il le « suit dans tous les lieux où il peut le nourrir; mais partout il man- « que de reconnaissance à son égard, car à peine s'il daigne tourner « la tête pour le voir passer... » (Bailly).

NOURRITURE. « Leur régime alimentaire rend ces oiseaux à la fois « utiles et nuisibles. Ils se nourrissent d'Insectes et de graines. Au « Print., ils visitent les arbres fruitiers, enlèvent les chenilles qui

« rongent les fleurs et les feuilles, et détruisent une énorme quantité « de Hannetons, dont ils nourrissent leurs petits, après leur avoir en- « levé les élytres. En Eté ils attaquent la salade, les choux, les épi- « nards et les semences d'autres légumes; ils détruisent les pois avant « leur maturité, les cerises, etc. Dès que le blé commence à mûrir, « ils se répandent dans les champs, campent sur les arbres et les « buissons, et causent de grands dégâts. En Hiv., ils ne vivent que « de grains..... » (Bechst).

« Le *Moineau* se nourrit d'Insectes, surtout de sauterelles, de gros- « ses mouches et de Hannetons qu'il poursuit et attrape au vol, de « Vers, de Larves, de chenilles, de chrysalides, d'araignées, de fruits, « de bois de baies de grains et de semences d'arbres. En Eté, il dévore « les sommités des maïs, les épis de blé en fleur, ainsi que leurs « grains à l'état laiteux. » (Bailly).

Utilité et préjudice qu'il cause a l'agriculture. « Il est d'une « très grande utilité en détruisant une grande quantité d'Insectes nui- « sibles..... Ce ne sont pas (les *Moineaux*) des oiseaux nuisibles au- « tant qu'on le dit; en somme, ils sont plus utiles que nuisibles.... » (Bechst.).

Cependant plusieurs naturalistes ont été d'un avis tout contraire; ils ont conclu qu'il fallait chercher à diminuer le nombre des *Moineaux*.

« Il y a quelques années qu'on agite en France cette question dans « les journaux; ceux qui défendaient la cause des *Moineaux* soute- « naient que par le grand nombre d'Insectes qu'ils détruisent, ils font « plus de bien qu'on a de mal à leur reprocher de la consommation « du grain, des dommages qu'ils causent aux fruits, et du nombre des « abeilles qu'ils détruisent. Le procès est resté indécis, et il ne semble « pas aisé de faire l'évaluation des deux équivalents, qui serait cepen- « dant nécessaire avant de prendre un parti. Mais comme la consom- « mation d'un *Moineau* n'a été estimée qu'en le nourrissant seulement « de grain, et qu'il use de beaucoup d'autres aliments, il semble qu'on « peut déjà la réduire de beaucoup, et d'ailleurs, il ne restera de *Moi-* « *neaux* véritablement malfaisants que ceux qui habitent les villages, « où leur nombre est assez modique; mais les *Moineaux* renfermés « dans les villes, y vivant dans l'abondance des restes d'aliments qui « s'y perdent, doivent nécessairement consommer peu de grain; ainsi « leur déprédation ne parait pas mériter qu'on les proscrive générale- « ment..... » (Mauduyt).

En résumé la question de savoir si le *Moineau* est utile plutôt que nuisible a été longtemps débattue, et ne se trouve pas résolue. C'est ce que M. Wicke s'est attaché à démontrer (*J. f. O.* p. 46. 1863); d'un autre côté, M. Glaser (*Zool. Garten* p. 292-302. 1872) et M. Th.

Liebe (*J. f. O.* p. 201. 1875) se sont déclarés contre cet oiseau. M. Glaser va même plus loin en disant que le *Moineau* ne détruit nullement les *Hannetons* et qu'il attaque plutôt les insectes utiles.

Pour compléter ces lignes, je citerai encore un extrait fort intéressant d'un article qui a paru dans le *California Staatszeitung* sur le *Moineau* domestique dans l'Amérique du N. L'auteur de ce mémoire conclut en disant que l'on ne doit pas protéger outre mesure le *Moineau* malgré les services qu'il peut rendre, car il chasse tous les petits oiseaux qui avaient l'habitude de s'approcher des habitations, et l'on n'en voit plus un seul partout où il s'établit. *Ornith. Centralbl.* p. 76. 1878.

CHASSE. 1° *Fusil.* « Le temps propre à cette chasse est le milieu de « juin : alors les jeunes *Moineaux* sont plus avides et moins farouches. « Une allée de jardin paraît l'endroit le plus commode pour établir la « traînée, surtout lorsque trois semaines auparavant on a accoutumé « les vieux *Moineaux* à y venir manger paisiblement avec leur cou- « vée..... Quand on les a longtemps accoutumés à l'appât, et qu'on les « y voit rassemblés en grand nombre, on peut faire feu tous les deux « ou trois jours, mais non plus souvent ni plus tôt..... Du reste, ces « oiseaux, alléchés par la nourriture qu'on leur présente, ne manquent « pas de revenir à la traînée, après qu'ils ont essuyé le coup de fusil. « On a remarqué que, lorsqu'on ne tire qu'après avoir pris toutes ces « précautions, on peut tuer jusqu'à soixante *Moineaux* d'un coup..... »

2° La *Pinsonnée.* « Cette chasse se fait de nuit, le long des haies, qui « à la campagne servent de retraite aux *Moineaux*. Les chasseurs mu- « nis d'un bâton long de deux pieds et demi, terminé au bout d'une « palette en forme de battoir à pousser la paume, longue de 6 pouces « et large de 4, portent sur le bras droit cette espèce de massue dont « le manche doit être assez fort pour être empoigné à pleine main. « Chaque chasseur porte, de la main gauche, une chandelle allumée, « qui, retenue entre le doigt du milieu et l'annulaire, ne s'en élève « que d'environ 2 pouces. Le chasseur ayant interposé entre ses yeux « et la lumière la main droite étendue, s'approche des haies où il a « aperçu, au coucher du soleil, une troupe de *Moineaux* se retirer. « Aussitôt qu'il les découvre, saisissant de la main droite le battoir « qu'il porte sous le bras, il frappe avec la palette ce qu'il aperçoit à « la faveur de la lumière ; ces coups doivent être forts et précipités, « pour que les branchages n'en arrêtent pas l'effet, ou que les oiseaux « n'aient pas le temps de se sauver..... »

3° *La Raffle.* « Autre chasse de nuit et dans laquelle on prend le « plus de *Moineaux*..... »

4° *La Fossette.* « On fait en terre, dans un jardin ou près d'une che-

« nevière, une petite fosse profonde de 5 à 6 pouces, large de 7 à 8 « On attache vers le fond un appât, surtout un fruit nouveau, coloré « et bien apparent ; sur les dehors intérieurs, on dispose un quatre de « chiffre pareil à celui qu'on emploie dans les maisons pour prendre « les rats et les souris. On pose sur la *Fossette* une tuile, ou mieux un « carré de gazon levé dans les environs, qui ferme la Fossette, excepté « du côté où il est soulevé par le quatre de chiffre qui l'appuie. Cet « endroit étant le seul ouvert, c'est celui par où le *Moineau* gourmand « aperçoit l'appât..... »

5º L'*Arbret* ou *Arbrot*.

6º *Chasse dans les greniers ou dans les granges*..... « Il faut fermer « toutes les fenêtres, à l'exception de deux ; laisser tous les volets ou- « verts ; tendre à une des croisées demeurées ouvertes, un filet contre- « maillé, qui la bouche bien exactement ; attacher à l'autre croisée « demeurée libre, une corde disposée, suivant l'état des lieux, de ma- « nière qu'en la tirant on ferme promptement cette seconde croisée..... « Cette corde doit être prolongée jusqu'au dehors du grenier, et abou- « tir, soit à la porte, soit dans une pièce voisine, d'où, regardant par « un trou, on tire ou on lâche la corde pour fermer la croisée, lors- « qu'on a vu entrer dans le grenier une quantité suffisante d'oi- « seaux..... »

7º *Pots à Moineaux*. (Sonnini. *N. Dict. d'Hist. nat.* éd. Déterville. XXI. p. 243. et suiv.

Voyez : Bechstein, *Naturg. Deutschl.* IV. p. 388 et suiv. — C. L. Brehm, *Vogelfang*. p. 98 et suiv.

Propagation. « Les vieux *Moineaux* font trois nichées par an et s'oc- « cupent déjà de leur *Nid* au mois d'Avr. ; les plus jeunes ne nichent « que deux fois, et demeurent rassemblés en troupes jusque vers le « milieu d'Avr..... Ces oiseaux placent leurs Nids sous les toits, « dans des trous de murs, dans des gouttières, sous les tuiles et dans « toutes les cavités qui existent dans les bâtiments, dans les pigeon- « niers et dans les nids d'Hirondelles. Ils sont faciles à découvrir, car « ils sont composés d'une si grande quantité de foin et de paille, que « les tiges dépassent l'entrée du réduit où ils se trouvent. L'intérieur « de ce Nid est garni d'une couche épaisse de plumes et de crin..... « Le *Moineau* place aussi son Nid sur les arbres, aussi n'est-il pas rare « d'en trouver dans des tilleuls creux et dans l'enfourchure des bran- « ches des arbres fruitiers. Dans ce dernier cas, ce Nid n'est autre « chose qu'un grand amas de foin, d'étoupes et de paille, le tout en- « tassé sans soin. Quelquefois il y a un couvercle, lorsque les bran- « ches voisines ne le garantissent pas suffisamment par dessus. L'in- « térieur est matelassé de plumes grandes et petites. » (Bechst.).

« Le Mâle et la Femelle travaillent de concert au *Nid*, et le construi-
« sent de deux manières : sur les arbres, ils lui donnent la forme
« d'une grosse boule munie d'une cavité intérieure, mise en commu-
« nication avec l'extérieur au moyen d'une petite ouverture arrondie,
« servant au passage de l'oiseau. Dans les fentes des murs, dans les pots
« et les cavités d'arbres, ils le font souvent comme leurs congénères,
« c'est-à-dire en forme demi-sphérique et creuse dans le milieu..... »
Bailly).

Voyez : Moquin-Tandon, *R. Z.* p. 101 et suiv. 1858. p. 336. 1859.

« Les *Moineaux* placent quelquefois leur Nid dans le voisinage de
« celui d'un oiseau de proie. J'ai vu côte à côte, éloignés seulement de
« dix à douze centimètres, un Nid de *Moineau* et un Nid de *Scops* ou
« *Petit Duc* dans deux trous d'une façade de maison. On assure que
« dans les Nids énormes des Cigognes placés sur les toits des fermes de
« l'Alsace, l'épaisseur des bords fournit parfois un asile à des Nids de
« *Moineaux* et d'*Hirondelles* (Schinz). « M. Malherbe rapporte qu'une
« nichée composée de deux aiglons fut découverte en Sicile, gisant au
« milieu de squelettes de lapins et de Reptiles ; mais ce qui occasionna
« le plus grand étonnement, ce fut de trouver au dessous de cette
« grande aire sept nids de *Moineaux* (*Fring. montana*. L.) contenant
« des œufs et des petits.... Il est des *Moineaux* paresseux ou pressés
« de pondre qui profitent de certains nids habités, après en avoir
« chassé les propriétaires (*Bruants, Pinsons, Fauvettes*. J'ai trouvé
« trois œufs de *Moineaux* dans un Nid de *Geai*. Comme la couchette
« était un peu grande pour le nouveau ménage, le couple usurpateur
« y avait accumulé une énorme quantité de plumes. » Moquin-Tan-
« don, *R. Z.* p. 101. et suiv. 1858).

Le *Moineau domestique* niche aussi en Grèce dans le Nid de l'*Aquila imperialis*. (Krüper, *J. f. O.* p. 446. 1862), et dans celui de l'*Aq. nœvia*. (J. Vian, *Acclimatation* n° 25. 1875).

Œufs (5-6-7) si variables pour la couleur et le nombre des taches, qu'il est difficile d'en rencontrer deux nichées semblables. On en voit d'un blanc un peu grisâtre, d'un brun clair ; d'autres sont azurés ou jaunâtres. Moquin-Tandon en a trouvé plusieurs fois qui étaient d'un blanc pur, sans taches ; mais ils sont presque toujours couverts de stries et de petites taches oblongues, cendrées, grises, violettes ou brunes. $0^{m}02$ sur $0^{m}014$ à $0^{m}015$. (Degl. et Gerbe).

Thienemann. *Fortpflanzungsg.* p. 424. pl. XXXIV. f. 17. a. b. c. d.

Bädecker, Pässler et Brehm, *D. Eier. d. Europ. Vög.* pl. 12. f. 7.

BIBLIOGRAPHIE. ** *Gråsparf.* (*Jägareförb. nya Tidskr.* p. 147. 1878).
** Die *Spatzen* in der Fremde. (*Ornith. Centralblatt* p. 76. 1878).

FASCICULE XXXIII.

—

PLOCEIDÆ

** Schaden und Nutzen des *Sperlings* (*Schweiz. Blätter f Ornith.* p. 34. 1878).

** Der *Haussperling.* (*Ne détruit pas les Chenilles. —Expérience faite à ce sujet.* (*Ornith. Centralbl.* p. 114. 1880).

A. R. Der *Sperling*, in America. (*Ornith. Centralbl.* p. 159. 1879).

Bell. (J.) Early Nest of the *Sparrow.* (*The Zoologist.* p. 76. (1843).

Bladon (J.) Affection of the *Sparrow* for its young. *The Zoologist.* p. 16. 1843.

Brehm (C. L.). Einige Bemerkungen über die *Sperlinge* und über die Zeichnung verwandter Vogelarten (*Isis* p. 884. 1842. — *Passer.* (*Naumannia* p. 376. 1856.).

Breidenstein. J. P. Naturgeschichte des *Sperlings*, nebst vielen Mitteln dessen Anzahl zu vermindern. *Giessen.* Krieger. 1779. *in-8. 140 p.*

Briggs. (J. J Defense of a previous statement about the *Sparrow.* (*The Zoologist.* p. 2388. 1846.

Cabanis. (J.). *Passer.* (*J. f. O.* p. 221. 1879).

Châtel. (V.) Nouvelles observations et considérations sur l'utilité des oiseaux et particulièrement du *Moineau. Paris.* Bouchard-Huzard. 1860. *in-8. 19 p.*

Cordeaux. (W.) A Curious Instinct in a *House-Sparrow.* (*P. Z. S.* p. 106. 1835).

Des Murs. O. sur le *Passer domesticus* et sa place oologique dans la série. (*R. Z.* p. 20. 1860).

Duff. (J.) Granivorous Propensity of the *Sparrow.* (*The Zoologist* p. 2415. 1849). — Curious Nidification of the *House-Sparrow.* (*Ibid.* p. 2851. 1850).

Gilbert. (H.). Curious Fact in the Nidification of *Sparrows.* (*The Zoologist,* p. 6535. 1859).

Gurney. (J. H.). On *Sparrows* attacking Rats (*The Zoologist,* p. 6009. 1858).

Hadfield. (H. W.). The *House Sparrow* a Flycatcher. (*The Zoologist,* p. 5251. 1856). — *House Sparrow.* (*Ibid.* p. 5364. 5682).

Hepburn. (A.) Early Nest of the *Sparrow.* (*The Zoologist,* p. 148. 1843).

Hussey. (A.). Singular Noise Made by a *Sparrow.* (*The Zoologist,* p. 353. 574. 1843).

Lawson. (G.). Anecdote of a *Sparrow* (*The Zoologist,* p. 1248. 1846).

Leche. (J. Versuch von Ausrottung der *Spatzen.* (*Abhandl. d. Schwed. Ak.* p. 154. 1745).

Lortet. Note sur le *Moineau.* (*Ann. Soc. Agric. Lyon* VII. p. 209. 1844).

Marstaller. (G.). *Ornith. Centralblatt* p. 99. 1877.

Peacock. (Edw.) Further Observations on the *Sparrow.* (*The Zoologist* p. 2389. 1849).

Webb (J. J.) Granivorous Propensity of the *Sparrow.* (*The Zoologist* p. 2417. 1849).

Wicke. (B.) Zur Frage : Ist der *Sperling* vorwiegend nützlich oder Schädlich? *J. f. O.* p. 46. (1863).

—

Blasius (H.). Ist *Passer rufi dorsalis*, Brehm, identisch mit *Pyrgita rufi dorsalis* des Berliner Museums? (*Naumannia* p. 469. 1856). Suivant cet auteur, il doit être réuni au *P. arboreus*, Licht.

2. PASSER ITALICUS. Degl. *Orn. eur.* I. p. 207. 1849).

Passer volgare, " *Stor. degli Ucc.* III. p. 340. f. 2. *masc.* f. 1. *albin.* 1767.
FRINGILLA ITALIÆ. Vieill. *N. Dict.* XII. p. 199. 1816). — Id. *Galer.* I. p. 76. pl. 63. (1825).
FR. CISALPINA. T. *Man.* I. p. 351. (1820).
PYRGITA CISALPINA. Boie. *Isis.* p. 554. 1822.
..... Gould, *Eur.* pl. 63. 1837.
FRINGILLA CISALPINA. Bp. *Fn. ital.* pl. f. 1. *masc.* f. 2. *fém.* et Jeune. (1832).
PYRGITA ITALICA. Bp. *B. of Eur.* p. 31. 1838.
PASSER DOMESTICUS. *Var italicus.* K. et Bl. *Wirbelth.* p. 40. 1840.
PYRGITA CISALPINA ET ITALICA. Brehm, *Isis* p. 894-895. (1842).
PASSER DOMESTICUS CISALPINUS. Schleg. *Rev. crit.* p. 64. (1844).
P. ITALIÆ. Caban. *Mus. H.* I. p. 155. 1853.
P. CISALPINUS. Dubois, *Ois. Eur.* pl. 98. 1867).

MALE. *Ressemble à* P. domesticus masc. *Dessus de*

PYRGITA CISALPINA ex *Afr. Or* Rüppell.
PASSER RUPPELLII. Bp. *Consp. t.* p. 510. (1850).

Cinereo-brunneus. Pileo dilute rufo. Alis fasciis duabus albidis. Gula alba, vitta hinc inde marginali nigricante. (Bp.)

PASSER RUFIPECTUS. *Consp.* I. p. 509. (1850).

PASSER HISPANIOLENSIS. *ex Ægypto.* Auct.
P. CISALPINA. Savigny, *Egypte.* pl. 5. f. 7. 1809).

Medius quasi inter *P. Italiæ* et *P. salicicolam*, sed dorso pure castaneo, postice tantum maculato et pectore (gutture nigro) castaneo undulato Superciliis albis, angustissimis. (Bp.)

la tête marron. FEMELLE *semblable à celle du* P. *domest.* fém. *Teintes moins foncées.*

MALE. *Print.* Dessus de la tête d'un marron roussâtre. Manteau et Scapul. avec des taches noires allongées bordées de roux marron. Croupion et Suscaud. d'un gris brun jaunâtre, ainsi que les Rectr., qui sont liserées de teinte plus claire. Petites Tectr. supraal. rouge marron; les moyennes terminées de blanc, ce qui forme une bande transversale sur l'aile; les grandes, brunes, bordées de roussâtre. Une petite tache blanche derrière l'œil. Lorums noirs, surmontés d'un petit trait blanc. Joues, région parot. et côtés du cou, blancs. Gorge, devant du cou et haut de la poitrine, noirs. Parties infér. d'un blanc jaunâtre. Bec noir. Pieds brun rougeâtre. Iris brun. Long. tot. 0m143. Bec 0m011. Aile 0m078. Queue 0m056. Tarse 0m018.

FEMELLE. Semblable à celle du *P. domesticus*. Teintes moins foncées. (Degl. et Gerbe). Parties supér. d'un roux blanchâtre mélangé de gris plus clair sur le ventre. Un sourcil roux blanchâtre clair. (K. et Blas.).

MALE. *Aut.* Le marron de la tête est frangé de grisâtre. Tache gutturale frangée de blanc grisâtre, surtout vers le bas. Blanchâtre du dessous du corps plus lavé de cendré brunâtre.

JEUNE. Ressemble à la Femelle. (Degl. et Gerbe).

HABITAT. Italie (Bp.). C. près de Pise (Giglioli). Tyrol mérid., séd., jamais dans le N. (Althammer). B.-Engadine. (Chr. L. Landbeck). Plusieurs ornithologistes ont affirmé que le *Moineau cisalpin* commence à se rencontrer depuis Lyon, où il remplace le *Moineau ordi-*

naire. J'avoue n'avoir pas eu la chance d'en trouver un seul de cette Espèce soit dans la ville, soit dans les environs, où j'ai eu l'occasion d'observer un grand nombre de Moineaux. Une seule fois cependant j'ai acheté au marché de Lyon un *Moineau cisalpin,* mais sans avoir aucune notion sur sa provenance. (L. O.-G.). De Pass. en Sept. et Oct. dans le Midi de la France. (Degl.). Gard, Sept. (Crespon). Sicile, (C. Malh.). Corse, (C. C. C. Bygrave Wharton).

Algérie. (Loche). Sahara algérien. (Tristram). Egypte. (E. C. Taylor). Une partie de l'Abyssinie. Nil bleu. Un grand nombre de villes situées sur les bords de la Mer Rouge. Vit en société avec le *P. domesticus* (V. Heugl.).

Palestine. (Tristram).

Mœurs. « ...... se mêlent aux troupes de Moineaux, avec lesquels « ils voyagent et dont il est toujours impossible de les distinguer sans « lés tenir à la main. Roux dit que la voix du *Cisalpin* est plus faible « que celle du *Moineau domestique,* et que les chasseurs provençaux « préfèrent les tenir en cage comme appelants, parce que les uns et « les autres arrivent à sa voix. Les habitudes de cet oiseau diffèrent « peu de celles du *Moineau domestique.* Nos oiseleurs n'ont point en- « core fait attention à cet oiseau, quoique nous le trouvions ici assez « fréquemment en Aut. » (Crespon).

Propagation. Niche sous les toits, dans des trous de murs, sur les arbres. *Nid* de même structure et de même forme que celui du *P. domesticus.* (Degl. et Gerbe).

Thienemann, *Fortpflanzungsg,* p. 125. pl. XXXIV. f. c.

Bädecker, Pässler et Brehm, *D. Eier d. Europ. Vög.* pl. 12. f. 8.

3. PASSER SALICARIUS. Schleg. *Rev. crit.* p. 64. (1844).

Fringilla hispaniolensis. T. *Man. I.* p. 350. (1820).
Pyrgita hispaniolensis. Boie, *Isis.* p. 554. (1822).
Fringilla salicaria Vieill. *Fn. franc.* p. 117. (1828).

PASSER DOMESTICUS. *Var. Tingitanus.* Bp. *C. R.* p. 913. (1853).

Semble former la transition du *P. Italiæ* au *P. domesticus;* se distingue de ces deux derniers par le noir de sa gorge, qui est très étendu, et du *P. domesticus* par la tête, qui est complètement rousse. (Bp.).

Habitat. Côte septentr. de l'Afrique. (Bp.). Algérie. (Loche).

PYRGITA HISPANICA. Brehm, *Handb.* p. 266. (1831).
..... Gould, *Eur.* pl. 186 f. 1. (1837).
PASSER SALICARIA. Bp. *B. of. Eur.* p. 131. (1838).
P. DOMESTICUS. *Var. C. salicarius.* K. et Bl. *Wirbelth.* p. 40. (1840).
PYRGITA HISPANICA ET MINOR. Brehm, *Isis.* p. 895-897. (1842).
PASSER HISPANIOLENSIS. Degl. *Orn.* I. p. 209. (1849).
P. SALICICOLUS. Caban. *Mus. H.* I. p. 155. (1850).
PYRGITA SALICARIA. Brehm, *Vogelf.* p. 98. (1855).
PASSER HISPANIOLENSIS. Dubois, *Ois. Eur.* p. 99. masc. fém. (1867).

Type du Genre SALICIPASSER. Bogdanow, *Arb. Kasan nat. Gesellsch.* VIII. p. 60. 1879).

MALE. *Dessus de la tête marron. Gorge, devant du cou et haut de la poitrine noirs sur une grande étendue. Des taches longitudinales noires sur les flancs. Des mèches noires sur le manteau, bordées de roussâtre. Dessous du corps blanc. Long. tot. 0m145.* FEMELLE. *Ressemble à celle du* Passer domesticus.

MALE. Dessus de la tête et du cou d'un marron rouge. Manteau et Scapul. avec des taches noires allongées, bien limitées de chaque côté par des bordures blanchâtres lavées de jaunâtre ou de roussâtre. Croupion et Suscaud. gris brun cendré. Rectr. de même, étroitement liserées de blanc jaunâtre. Petites Tectr. supraal. d'un marron rouge; les moyennes largement terminées de blanc, d'où une bande transversale sur l'aile. Rém. brunes liserées de roussâtre. Les 5 premières Rém. bordées extérieurement de blanc jaunâtre sur un petit espace près de leur base, de manière

---

PROPAGATION. Un œuf de cet oiseau, faisant partie de ma collection, offre, sur un fond blanc, des taches allongées, très espacées, mais plus grosses que celles de l'œuf du *P. domesticus.* Elles sont confluentes vers le gros bout, où elles forment une sorte de couronne; ces taches sont semblables pour la couleur à celles de la plupart des œufs de *Moineaux domestiques.*

à former dans cet endroit une petite bande précédée de noirâtre et suivie de brun foncé. Un petit trait blanc jaunâtre s'étend du bord postér. des Narines jusque derrière l'œil. Lorums et un trait au dessous de l'œil noirs. Joues, région parot. et côtés du cou d'un blanc pur. Une grande plaque noire, bien nette sur ses bords, couvre la gorge et le devant du cou, se prolongeant sur la poitrine en écharpe transversale par taches de même couleur qui sont lancéolées vers le bas, et liserées de blanc grisâtre. Parties infér. blanches. Flancs lavés de cendré brunâtre clair et couverts de taches lancéolées noires. Mandib. supér. brunâtre, l'infér. jaunâtre. Pieds d'un jaune brunâtre. Iris brun. Long. tot. 0m0145. Bec 0m013. Aile 0m083. Queue 0m06. Tarse 0m021.

FEMELLE. Parties supér. d'un gris brun. Plumes du manteau et des ailes liserées de jaunâtre. Dessous du corps d'un blanc sale, avec de faibles taches brunâtres au devant du cou et à la poitrine. Flancs teintés de cendré et de roussâtre. (Degl. et Gerbe).

MALE. *Aut.* Tache gutturale à bordures cendrées. Teintes générales moins pures qu'au Print.

JEUNE. Ressemble à la Femelle. Bec jaune (Bolle).

N. B. « Il n'est pas bien certain que les *P. salicicola* et *P.* « *Italiæ* forment deux espèces distinctes. La principale dif- « férence admise par les auteurs qui veulent leur séparation « est, dans le premier la présence de stries noires sur les « flancs, stries qui manquent chez le *P. Italiæ*. Ces deux « variétés existent à Malte. Le *P. salicarius* est le plus com- « mun. Dans une collection de 40 à 50 sujets, j'ai trouvé des « individus intermédiaires chez lesquels les stries étaient

« plus ou moins visibles. Sous les autres rapports, je ne « peux trouver aucun caractère important, excepté celui « tiré des teintes générales qui sont plus vives. Ces remar- « ques s'appliquent seulement aux mâles. Les femelles n'of- « frent aucune différence. Les deux formes s'associent pour « nicher dans la même localité..... » (C. A. Wright, *Ibis* p. 52. 1864).

« Le *P hispaniolensis* est une forme toute différente du *P.* « *domesticus*, à cause de ses flancs tachetés et de son gros « bec..... Quoiqu'à l'état de liberté, il ressemble à ce der- « nier, c'est par sa manière de vivre en vrai *P. campestris;* « car il recherche les lieux déserts, et ne s'approche des « habitations que pour rechercher sa nourriture..... C'est « une bonne Espèce et non pas une race locale. » (A. V. Homeyer, *Bericht über die XVIIte Versamml. d. Deutsch. Ornith. Gesellsch.* p. 18).

Le *P. rufipectus* appartient sans doute à cette Espèce ou au *P. cisalpinus.* (V. Heugl.).

HABITAT. De pass. rég. en Aut. dans le Midi de la France. (Degl.). Son apparition dans le Midi de la France n'a pas encore été constatée. (J. W. v Müller). Chaque année aux environs d'Hendaye et de Saint-Jean-de-Luz. (Dubalen). Fait que je n'ai pas encore eu l'occasion de constater. (L. O.-G.). Haute-Garonne, R. R. Se trouve mêlé en Hiv. aux bandes du *P. domesticus.* Aude, Acc. en Hiv. Hautes-Pyrénées, R. R. Pyrénées-Orient., Hiv. (Lacroix). Baléares. (A. v. Homeyer, *J. f. O.* p. 261. 1864). C. C. dans le Midi de l'Espagne ; se tient loin des villes. Niche en colonies. Aime à construire son Nid dans la partie basse et extérieure des aires des oiseaux de proie. (H. Saunders). Détroit de Gibraltar, côtes d'Espagne et d'Afrique. (H. Irby). Andalousie, Sud., (C. Machado). Pas en Portugal. (C. Smith). Environs de Constantinople, identique aux exemplaires de l'Algérie. (J. Vian et Alléon, *R. Z.* p. 254. 1873). Grèce, R. Jamais dans les villes. (Lindermayer). Plaine de Missolonghi. (R. M. Sperling). Cyclades. (Erhard). Sicile. (L. Benoit, *Ornit. Sicil.* p. 104-105). Lenkoran, Caucase. Seebohm, *Ibis* p. 9. 1883).

Algérie. (Loche). Sahara algérien, Tuggurt. (Tristram). C. C. près de Zana et du Chemora. Atlas orient. (O. Salvin). C. à Madère, Lanzarote et Fuertaventura ; manque dans les îles occid. de l'Archipel des Canaries. (Bolle). Santiago du Cap Vert, pas C (Darwin). Iles du Cap Vert, pas à San-Antonio ni à San-Vincente. (Dohrn). Egypte, pas C. en Nubie. Se mêle souvent aux bandes du *P. domesticus.* (A.-L. Adams, *Ibis* p.

22. 1864). Egypte et en Nubie, se tient en grandes troupes. Suivant Hartmann, il se rencontre vers le Nil bleu supérieur. (v. Heugl. *J. f. O.* p. 84-85. 1868).

Smyrne. (v. Gouzenb.). Palestine. Jéricho, C. (Tristram). Turkestan. (Severtz). Candahar, toute l'année. (T. Hutton). Afghanistan. (Blyth). Boukharie. (v. Heugl.).

MOEURS. « Cet oiseau, m'écrit Bolle, est en somme plutôt un *Moi-* « *neau des champs* qu'un *Moineau domestique*. Dans la plupart des « pays qu'il habite, il se tient loin des colonies. Dans les pays où il « n'existe pas d'autre Espèce de Moineau, par exemple aux Canaries, « il suit l'instinct de ses congénères en se rapprochant de l'homme. « Comme il préfère se réfugier dans le feuillage des palmiers, il se « rapproche des habitations des colons, car ceux-ci aiment à planter « cet arbre au devant de leur habitation..... Son vol rappelle celui « de la *Soulcie* dont il se distingue cependant de suite par son corps « effilé; son vol est aussi plus rapide. Toute la troupe, qui se com- « pose de cent oiseaux et plus, se tient très serrée, parcourt en droite « ligne une grande distance sans s'arrêter, ce que ne fait jamais une « autre Espèce de *Moineau*..... Le cri du *P. hispaniolensis* est tout- « à-fait celui du *Moineau domestique*; mais il est plus fort, plus net, « et même plus varié, quoique manquant de quelques-unes des into- « nations de celui-ci. » (A. v. Homeyer, *J. f. O.* p. 261. 1862).

Algérie. « Ce *Moineau* habite les villes, mais en petit nombre; ce- « pendant les sujets que j'y ai vus ne paraissent pas différer de ceux « qui habitent la campagne. Il préfère ces dernières stations, les bords « de quelques-unes de nos rivières et les forêts où il niche. Dans « certaines localités, il vit en troupes innombrables, construit sa de- « meure sur les arbres, avec des herbes sèches qu'il façonne sous la « forme d'une boule de foin, munie d'une cavité intérieure; celle-ci « est mise en communication avec l'extérieur au moyen d'une ouver- « ture ronde servant au passage de l'oiseau.

« Il dépose en général 4 œufs dans ces Nids dont j'ai abattu un « grand nombre sans y trouver généralement un nombre supérieur « de petits. Certains arbres sont tellement chargés de ces gîtes, qu'on « les prendrait pour une meule de foin. D'après cela, on devine facile- « ment l'intensité des cris qui s'élèvent lorsqu'on s'approche d'une de « ces villes aériennes; et dans la forêt de Mondovi, où ils vont cher- « cher leur nourriture dans les broussailles et dans les montagnes, « ils y demeurent éparpillés ou en petites troupes; mais le soir ils se « réunissent en nombreux bataillons serrés, et rentrent dans la forêt « pour y passer la nuit.

« Ils restent à peu près jusqu'à la mi-Oct.: à cette époque, ils dispa-

« raissent jusqu'au Print. suivant, et on n'en rencontre dans le pays « que quelques petites troupes isolées.

« Dans certaines localités, ces oiseaux n'existent pas; par exemple, « à La Calle et à Oum-Theboul je n'en ai pas vu un seul. Ils sont au « contraire très communs à Bone.. .. » (Alain Labouysse, *Ann. Soc. Agric. Lyon*. 1853).

Egypte. « Nous en avons rencontré les bandes dans la B. et la « Moyenne Egypte, en Nubie et jusqu'à Ambukol. Hartmann l'a ob- « servé encore vers le Fleuve bleu supér Il se tient de préférence « dans les îles du Nil, les champs de blé et de riz, les lagunes, les ro- « seaux, les jardins situés près des canaux..... Ils sont ordinairement « très circonspects et méfiants, et font, réunis en société, autant de « bruit que le *Moineau domestique;* sur le soir, ils se rendent vers les « roseaux pour y passer la nuit. » Th. v. Heuglin).

Canaries. « ..... Dans ses habitudes, qui sont tout-à-fait celles des « *Moineaux*, le *P. hispaniolensis* offre ceci de remarquable, que dans « les îles *Canaries*, il ne se rencontre que dans les localités où il y a « des palmiers et où ces arbres se trouvent en grand nombre. Il niche « dans la couronne de ces arbres, et s'y réunit en sociétés composées « de 8 à 10 couples. Aussi le peuple de *Canaria* le nomme-t-il *pajara* « *palmera* ou *de las palmas*. Une chose très curieuse, c'est que le seul « endroit des îles du Cap Vert où on l'ait observé jusqu'à présent est « Porto Praga à Santiago; c'est la seule de ce groupe d'îles qui offre « de grandes plantations et des forêts de palmiers..... Le moment où « nichent ces oiseaux est Févr., ou au plus tard le commencement de « Mars..... En Eté ils deviennent un fléau pour la capitale de *Cana-* « *ria*. Cette ville possède une charmante promenade publique, une « alameda ornée de fontaines jaillissantes et de fleurs exotiques; c'est « là que tous les soirs le beau monde a l'habitude de se réunir..... La « foule des *Moineaux* qui se rassemble le soir sur les arbres et qui a « salué le coucher du soleil par des cris retentissants, se trouve trou- « blée bientôt dans son sommeil par l'éclat des réverbères que l'on « vient d'allumer, et de tous côtés l'on n'entend que des plaintes sur « l'inconvenance de leurs procédés..... Aussi le *Pajaro palmero* « n'est-il pas très estimé des dames des îles Canaries. On cherche « donc à détruire ces oiseaux parce qu'ils sont très préjudiciables à « la toilette, et ensuite parce qu'ils occasionnent sur les chapeaux « blancs des taches que l'on ne peut faire disparaître avec la brosse. « On les tire le soir à coups de fusil; on envoie la nuit de petits gar- « çons munis de lanternes, qui grimpent sur les platanes et saisissent « adroitement les *Moineaux* éblouis par la clarté de la lumière; mais « tout cela ne suffit pas pour les éloigner complètement en Eté. Cette « guerre ne cesse que lorsque les platanes, en perdant leurs feuilles, « n'offrent plus d'abri à ces importuns *Conirostres*.

..... « Malgré leur mauvaise réputation, j'ai vu à Canaria des *Moi-
« neaux* privés. Ainsi dans une des rues les plus fréquentées du Fau-
« bourg Triana de las Palmas, un cordonnier en avait un dans une cage
« suspendue à sa fenêtre; l'oiseau entrait et sortait librement par la
« porte, qui n'était jamais fermée. J'en ai possédé moi-même plu-
« sieurs..... Ils s'apprivoisèrent bien vite et montrèrent un penchant
« irrésistible pour se glisser dans les trous; du reste, c'étaient de char-
« mants oiseaux. » (C. Bolle, *J. f. O.* p. 305 et suiv. 1857).

Smyrne. «..... Le *Fringilla hispaniolensis* se rend utile en détrui-
« sant les petites sauterelles; mais il devient très nuisible aux champs
« de grains par son excessive multiplication. A Burnova il n'y avait,
« pour ainsi dire, qu'un seul énorme platane, à côté de la synagogue,
« qui fût habité par ce *Moineau,* dont les Nids couvraient toutes les
« branches. Dans les villages voisins, nous n'en trouvons que quel-
« ques couples sur les cyprès des cimetières et sur les platanes le
« long des ruisseaux. Lorsqu'en 1874 je me rendis pour la première
« fois à Turbali, je fus surpris de la grande quantité de *Moineaux* qui
« s'y trouvait. Partout où je jetais les regards, on voyait cet oiseau se
« quereller ou porter à son Nid une plante qui ressemblait à la *Camo-
« mille.* Les *Moineaux,* avec les *Faucons Kobez* et les *Cigognes blan-
« ches,* faisaient de Turbali une colonie d'oiseaux comme celles qui
« existent dans le N. Le *Moineau* espagnol, qui a été nommé *Fringilla
« hispaniolensis,* comme s'il se trouvait à *Hispaniola* (N.-Espagne), a
« été considéré comme une Variété de climat par les ornithologistes
« qui ne l'avaient pas vu en nature; il a été de leur part l'objet de
« beaucoup de contestations sous ce point de vue. Ces ornithologistes
« auraient mieux fait d'aller l'examiner dans son pays et de l'y ob-
« server avec attention. Lorsque je le vis en Grèce, où il est confiné
« dans un petit district de l'Acarnanie et dans les environs de Vra-
« chori, je fus convaincu de sa distinction spécifique d'avec notre
« *Moineau domestique.....* Son cri, celui du Mâle comme celui de la
« Femelle, diffère beaucoup de celui de notre *Moineau* .... » (Krüper.
J. f. O. p. 270 et suiv. 1875).

Asie Mineure. « Le *Moineau espagnol* ne s'est pas substitué en *Asie-
« Mineure* au *Moineau domestique.* Ces Espèces voisines s'y reprodui-
« sent toutes deux. Généralement elles vivent séparément; l'une se
« voit dans une localité, et l'on retrouve l'autre dans un village voi-
« sin .... En Espagne et en Egypte, le *P. hispaniolensis* vit loin des
« habitations..... En *Asie-Mineure,* au contraire, il se fixe près des
« fermes ou dans les villages, et ses instincts sociaux y deviennent
« tels, que je vis au Khani de Samourla, à quelques heures de Ber-
« game, des Nids tapissant tout le plafond d'une grange adossée à une
« habitation..... » (L. Bureau, *Bull. Soc. Z. de France,* p. 191 et suiv.
1876).

PROPAGATION. *Egypte.* « Les *Nids* sont placés à l'extrémité des « branches minces des acacias, rarement sur les grenadiers. Ils res- « semblent beaucoup à ceux des *Tisserins;* mais ils sont moins artis- « tement et moins solidement tissés. Ils ont la forme d'une bourse, et « leur longueur va parfois au-delà de 15 pouces. Les matériaux em- « ployés sont des tiges sèches d'herbes, de racines déliées, des fila- « ments de plantes. Le trou d'entrée se trouve ordinairement de côté « et vers le bas. » (V. Heuglin).

Asie-Mineure. « A Burnova, les Nids étaient répartis sur l'arbre en- « tier. A Turbali, les cyprès élevés étaient couverts de *Nids.* A Celat, « un platane situé devant un café en était également couvert; ce qui, « à une certaine distance, lui donnait un curieux aspect. A Turbali, « une colonie de ces oiseaux, ne trouvant plus de place pour nicher, « s'était rendue dans un taillis voisin, et avait couvert de Nids tous « les arbrisseaux. Cette colonie a été détruite par les Turcs : comme « il aurait été très difficile d'enlever chaque Nid l'un après l'autre, on « coupa avec la hache les arbres qui en portaient..... Dans la plaine « qui se trouve entre Develikevi et Jimovassi, les *Moineaux* nichaient « en si grande quantité dans les buissons, que les paysans résolurent, « pour les détruire, d'incendier tous ces bois..... Cette année-ci (1875), « il y avait dans les champs du village de Maleasik une si grande « quantité de *Moineaux* qui s'étaient établis dans les villages turcs « voisins, que, pour protéger la moisson d'une destruction complète, « une quarantaine de paysans armés de fusils veillaient continuelle- « ment et faisaient feu sur les bandes d'oiseaux qui se présentaient...» (Krüper, *l. c.*).

« Le 7 mai 1875, dans la plaine d'Ephèse (Aisalouk), nous eûmes « l'occasion de constater l'alliance du *Moineau espagnol* et de la *Cigo- « gne blanche.* Chaque pilier des aqueducs qui traversent la vallée, « chaque minaret en ruine supportait un Nid sur lequel reposaient « une ou deux *Cigognes* en couveuses ou en sentinelles. Beaucoup de « ces Nids servaient d'abri à quelques Nids de *Moineaux* entrelacés « dans leurs parties libres. Celui d'une *Cigogne* surtout, placé sur un « gros arbre dans un village voisin, disparaissait sous ces Nids globu- « leux, faits de Graminées sèches, analogues à ceux du *Moineau do- « mestique.* Toutes les places prises, les retardataires s'étaient vus « contraints de placer les leurs dans les trous et les fissures du « tronc, ou de les suspendre aux branches..... » (Ls Bureau, *l. c.*).

Œufs semblables à ceux du *Moineau domestique* dans toutes leurs variétés. On en voit souvent de blancs. (V. Heugl.).

Thienemann, *Fortpflanzungsg.* p. 426 pl. XXV. f. 14. a. b. c. d.
Bädecker, Brehm et Pässler, *D. Eier. d. europ. Vög.* pl. 12. f. 9.

4. PASSER MONTANUS. Br. *Orn.* III. p. 79. (1760).

Fringilla montana. L. *Syst.* p. 183. (1758).
Baumsperling. Klein, *Verb. Hist. d. Vög.* p. 90. 1760).
Passer campestris. Br. *Orn.* III. p. 85.
P. torquatus. Br. *l. c.*
P. pusillus in juglandibus degens. Salerne, *Orn.* p. 264. (1767).
Le Friquet. B. *Ois.* III. p. 189. pl. 29. f. 2. (1795. — Id. *enl.* 267. f. 2.
Pyrgita montana. Boie, *Isis* p. 554. (1822).
P. montana campestris et septentrionalis. Brehm, *Handb.* p. 267-268. (1831). —— Id. *Vogelf.* p. 106. (1855).
..... Gould. *Eur.* pl. 184 f. 1.
Passer montanus. Degl. *Orn.* I. p. 211. (1849).

Norvégien. *Pilfink.* (Stejneger).

Suédois. *Fältsparf. Trädsparf.* Scanie. *Pilsparf. Tysksparf.* (Nilss.).

Danois. *Skov Sparf.* (Teilmann).

Allemand. *Baumfink. Baumsperling. Rothsperling. Holzsperling. Ringelsperling. Braunsperling. Gerstendieb. Felddieb. Waldsperling. Weidensperling. Holzmuschel. Wildersperling. Gebirgssperling.* (Bechst.)

Hollandais. *De Ringmusch. Boommusch. Bergmusch. Veldmusch.* (Schleg.).

Anglais. *Red headed Sparrow.* (Albin). *Wallnut-Sparrow.* (Charleston). *Tree Sparrow.* (Montagu).

Français. *Friquet.* (Belon).

« On l'appelle en Guyenne un *Tchouet;* en Provence, *Passeron de* « *muraille;* en Saintonge, *Passière folle;* ailleurs, *Moineau de mer* ou

---

PASSER MONTANA *(Var. de Java).* Bernstein, *J. f. O.* p. 183. (1861).

« N'est pas indigène à Java, mais y a été importé. Le changement de « plumage que cet oiseau a subi dans ces contrées montre l'influence « que le climat peut exercer sur la coloration des oiseaux..... Ce qu'il « y a de remarquable, c'est que dans ce pays le *Friquet* ne vient que « rarement dans les villages, et se tient presque toujours près des « maisons construites par les Européens..... Les exemplaires de Java « sont plus petits que ceux de la Silésie. Long. tot. 0m130, 0m145. Aile « 0m065 à 0m067. Queue 0m047 à 0m048. Plumage plus clair, tirant au « roux. Parties inférieures d'un blanc sale teinté de roux sur le haut « de la poitrine et sur les flancs. Le roux de la tête est plus clair. » (Bernst. *l. c.*).

« *de muraille, petit Moineau, Moineau de noyer, petit Passereau* ou « *Passeteau;* en Anjou. *Paisse de Saule;* à Nantes, *le Sault;* à Paris, « *Friquet* ou *Friguet;* à Orléans, *Pétrat* ou *Pétrac,* et par corruption « *Poitrat* ou *Pétrar,* selon Cotgrave. Or, selon Ménage, *Friguet* ou « *Friquet* vient de *Fritillus, cornet à jouer aux dés,* peut-être à cause « de son mouvement. Mais cette étymologie ne vaut rien. En B.-Nor- « mandie, *Petit Pillery* ou *Guillery,* à cause de son cri. Quant au mot « *Pétrat* ou *Pitrat,* il vient, suivant toutes les apparences, de *Petra,* « *pierre,* à cause qu'il se cache dans les pierres ou les murailles. On « dit proverbialement à Orléans : *Gai comme un passeteau.* » (Salerne).

Jura. *Moineau des bois, Fiafia.*

Moineau rouge. (Ogérien).

Gard. *Saoûsin* (parce qu'on le trouve le plus souvent sur les saules près des eaux). *Passéroun de trâou.* (Crespon).

Charente. *Moineau caborne.* (de Rochebrune).

Espagnol. *Gorrion moruno. Gorrion serrano.* (Guirao).

Italien. *Passera mattugia.* (Savi).

Sicile. *Passara di campagna.* (L. Benoit).

Dessus de la tête rouge-bai. Une tache noire sur l'oreille. Une autre tache de même couleur sur le menton, la gorge et le devant du cou. Deux bandes blanches sur l'aile. Joues blanches. Parties infér. d'un blanc terne. Bec noir. Long. tot. 0m132.

MALE. *Print.* Dessus de la tête et du cou d'un

PASSER MONTANINUS. Pall. *Zoogr.* II. p. 30. (1811).

PASSER MONTANINA. Pall. *l. c.*
..... V. Middend. *Sibir. Reise.* p. 148. (1843).
P. MONTANUS. Dybowski, *J. f. O.* p. 335. (1868). p. 91. (1873). p. 335. (1874). p. 254. (1875). p. 299. (1876).

Ressemble au *P. montanus* d'Europe par ses couleurs. Bec plus long et pieds plus forts. Paraît devoir être rangé parmi les Moineaux de la seconde division du genre *Passer* (Bp. *Consp.* I. p. 508), quoique son plumage soit analogue à celui des *Moineaux* de la première division. (Cassin, *Proc. Ac. Nat. Sc. Philad.* p. 192. 1858).

HABITAT. Hakodadi. (Cassin). Sibérie orient. D'après v. Middendorf, sa limite la plus septentrionale est au N. des colonies de Goroschink et d'Argoutsk, sur l'Ienissei.

rouge bai. Bas du cou, manteau et Scapul. d'un gris brun jaunâtre, avec des taches allongées noires bordées de roux grisâtre. Croupion et Suscaud. gris brun jaunâtre. Rectr. brun cendré, liserées de gris jaunâtre et moirées transversalement de bandes plus foncées. Petites Tectr. supraal. marron, les moyennes noires et terminées de blanc. Rém. brunes, liserées extérieurement de deux nuances, de manière à produire au dessus des Tectr. supracarpiennes, qui sont brunes, liserées de roux, une tache large en bas, étroite en haut, suivie d'une autre tache d'un brun noir disposée en sens contraire, et à la suite de laquelle les liserés sont gris jaunâtre clair. Lorums et tour des yeux noirs. Joues et région parot., de même que les côtés du cou, blancs; cette dernière couleur s'étend transversalement derrière la nuque sous forme d'un étroit collier. Une grosse tache noire sur la région parot. Tache gutturale noire, non prolongée au delà du bas du cou. Parties infér. d'un blanc terne lavé

« Les *Moineaux de la Sibérie orient.* diffèrent de ceux de l'Europe « par un bec plus fort, le dessous du corps presque gris d'ardoise et « une calotte plus roussâtre, couleur d'argile chez les jeunes. Cette « Race se trouve dans les régions transbaïkales jusqu'à l'Amour, et « plus loin vers le N. que le *P. domesticus.* (E. v. Homeyer).

Chante beaucoup mieux dans le pays de l'Ussuri mérid. que les *Friquets* de l'Europe et de la Sibérie orient. (Dybowski).

PASSER MONTANUS. *Var. cordofanica.* v. Heugl.
J. f. O. p. 85-86. (1868).

Manteau offrant des taches déliées; les deux bandes blanches de l'aile sont à peine indiquées. Le noir de la gorge est très étendu, teinté de brun roux vers la poitrine, où chaque plume porte une tache terminale triangulaire blanche. Côtés de la poitrine et flancs teintés de roux brunâtre. 1re Rém. > 2e. Serait-ce le *P. rufipectus.* Bp. ? (v. Heuglin).

de cendré brunâtre clair sur la poitrine et les flancs. Souscaud. avec des taches gris brunâtre à leur centre. Bec noir. Pieds brun roux. Iris noisette. Long. tot. 0m132. Bec 0m011. Aile 0m069. Queue 0m058. Tarse 0m018.

FEMELLE. Teintes moins vives.

Aut. Teintes moins pures. Bordures des ailes plus larges.

JEUNE. Le roux des parties supér. tire sur le grisâtre. Noir du cou peu étendu.

VARIÉTÉS. 1° Fringilla montana candida. Bechst. *Naturg. Deutschl.* IV. p. 402. 1re éd.

Blanc ou d'un blanc jaunâtre.

2° Fr. montana varia. (Bechst. *l. c.*).

Tête moitié blanche. Rém. blanches. (Bechst).

HABITAT. Norvège. (Stejneger). Suède mérid. (C. C. Nilss.). Upsal, (C. A. Mesch). Danemark. (Teilmann). Sylt. (Rafn). Laponie jusqu'au 64°; s'avance plus loin vers le N. le long des côtes de la Baltique. (Wallengr.). S'avance jusqu'à Torneå lorsque les céréales sont abondantes;

« Mandell a envoyé de la partie du Thibet située immédiatement au « N. de Sikkim, des exemplaires du *P. montanus* qui diffèrent des « autres. Ils ont des teintes plus pâles et plus foncées que ceux de « l'Angleterre, du Japon, de Java, du Darjeeling et de Burmah.

« Le blanc est remplacé par du gris cendré. Tête et cou plus pâles et « d'une teinte plus chocolat. Parties supér. plus foncées. » (Hume, *Str. Feath.* p 499. 1876).

PASSER RUSSATUS. T. et Schleg. *Fn. jap.* p. 90. pl. 10. (1850).

Simillimus *P. moritano*, sed dilute castaneo rufescens; macula auriculari nulla. Rostro corneo subtus flavescente. (Bp.).

HABITAT. Japon. (T. et Schleg.).

dans certaines années, il remonte jusqu'au N. d'Enonteki, vers le 68°1/2°. (Sundev.). Pas en Laponie. Lövenhj.). Finlande, disséminé. (M. v. Wright). Russie mérid. (Radde). Sarepta, C. (Moeschler). Bulgarie. (Finsch). Karpathes de la Gallicie. (Wodzicki). C. C. dans certaines contrées de l'Allemagne. (Bechst.). Silésie, C. C. (Gloger). Thuringe orient., augmente en nombre. (Th. Liebe, *J. f. O.* p. 45. 1878). Bavière. (Koch). Tyrol. (Althammer). Styrie. (Seidensacher). Suisse; remonte plus haut sur la montagne que le *Passer domesticus*. (Meisner et Schinz). Obwald, canton de Fribourg, C. (L. O.-G.). Belgique, C. (de Sélys). Angleterre, R. (Macgill). Principalement les contrées du centre et du N. de l'Angleterre. R. R. R. en Ecosse. (A. G. More). Guernesey, niche. (C. Smith). Alsace. (Kroener). Lorraine. (Godron). Seine-Inf. (Lemeteil). Jura, C. C. (Ogérien). Côte-d'Or, C. C. (Marchant). Allier. (Olivier). Savoie, C. Séd. (Bailly). Rhône, C. C. (L. O.-G.). Dauphiné, (Bouteille). Haute-Loire. ([illegible]). Gard, C. (Crespon). Haute-Garonne, Aude, Ariège, Gers, Hérault, Hautes-Pyrénées, Tarn, Tarn-et-Garonne, Pyrénées-orient., Séd. C. C. (Lacroix). Loiret, séd. C. C. (Nouel). Eure-et-Loir. (Marchand). Manche, C. (Le Mennicier). Morbihan, C. (Taslé). Anjou. (Vincelot). Sarthe, Ass. C. Séd. (Gentil). Loire-Inf. Séd. C. (Blandin). Charente-Inf. Séd. (Beltrém.). Charente, C. C. (de Rochebrune). Haute-Vienne. (L. O.-G.). Gironde. Landes. (Dubalen). Hendaye, C. C. (L. O.-G.).

Murcie, C. (Guirao). Andalousie, Irrég. (H. Irby).

Grèce, Ass. C. se tient dans les bois d'oliviers. (Linderm.). Cyclades, (Erhard). Sicile, Séd. Plus R. près de Messine. (Malh.). Sardaigne, R. R. R. Hiv. (Cara). Malte, R. R. (C. A. Wright). Russie sept., voy. Seebohm et H. Brown, *Ibis* p. 114-115. 1876).

Algérie. (Loche). Se tient en Egypte sur les haies ou sur les Saules. On ne peut dire avec certitude s'il est séd. dans cette contrée. (v. Heugl. *J. f. O.* p. 85. (1868).

PASSER MONTANUS. A. Müller, *die Ornis del Insel Salanga* p. 34. (1882).

Roux du dessus de la tête peu vif et mélangé de gris brun. Collier du bas du cou à peine indiqué. Le blanc des joues est teinté de gris. Dessous du cou lavé de brun roux clair. Long. tot. 0m131. Bec 0m0105. Aile 0m067. Queue 0m032. Tarse 0m0155.

Propagation. Œufs ressemblant à celui de l'Espèce d'Europe, mais plus petits, plus ventrus. (d'après A. Müller).

Habitat. Ile de Salanga. (A. Müller).

A été introduit à Saint-Louis (Etats-Unis) avec le *P. domesticus*. (J. C. Merill, *Amer. nat.* p. 50-51. 1876).

Environs de Jérusalem. (Tristram). Himalaya, C. Blyth). Chine, C. Formose. Swinhoe). Hakodadi, C. (Blakeston). Darjeeling. C. E. Bulger). Mongolie. (Prjevalski, *Rowley's Orn. Misc.* VIII. p. 294. 1877).

MOEURS. « Le *Friquet* n'est pas si farouche que le *Moineau domes-* « *tique,* mais il est plus vif et se donne plus de mouvement. Il ne « reste jamais un moment en repos. et remue son corps tantôt à « droite, tantôt à gauche. Il fait aussi mouvoir constamment sa queue. « Son vol est rapide et bas..... Son cri ressemble presque à celui du « *Moineau domestique,* mais il est plus pénétrant : *tzieb, tzieb, tzieb:* « il y entremêle aussi quelques syllabes désagréables. comme *tzieb,* « *zarr, zorr, zwohr*..... Il s'apprivoise aussi facilement que les autres « Espèces..... Ces oiseaux aiment tellement la société de leurs sem- « blables que, hors le temps de la reproduction, ils vivent toujours « en troupes. Ils se tiennent ordinairement dans les champs où il y a « des haies, des arbres et des jardins dans le voisinage, ou bien ils se « retirent dans des contrées montagneuses couvertes de forêts entre- « coupées de prairies..... » (Bechst.

« C'est le long des haies implantées d'arbres, sur les peupliers, les « noyers, les chênes et les saules des bords des routes, des rivières. « des champs et des prairies, ainsi que sur les lisières des petits bois « champêtres, qu'on découvre habituellement le *Friquet.* Il ne s'ap- « proche guère des maisons et des villes, si ce n'est durant l'Hiv..... « Les jeunes couvées hantent les champs complantés d'arbres et voi- « sins de l'eau ; elles s'y nourrissent souvent pêle-mêle avec celles du « *Moineau domestique*.....Quand le soleil baisse vers l'horizon, les « bandes de *Friquets* retournent aux champs de blé, de chanvre et de « millet, dont la graine leur plait beaucoup ; elles y occasionnent « souvent de grands préjudices à l'agriculteur..... Quand elles sont « établies dans un champ, il est presque impossible de les en chasser : « tous les haillons, tous les fantômes que l'on dresse ne servent de « rien..... Les *Friquets* se mettent à voyager tous les ans après les « récoltes. Les uns gagnent par bandes nos contrées montagneuses. « les autres se réfugient dans des climats plus doux, qu'ils ne quittent « qu'à la fin de l'Hiv..... Tous les soirs, au soleil couchant, les *Fri-* « *quets* se réunissent en foule dans les bois, et particulièrement dans « les saussaies. Ils y piaillent, sautillent et voltigent d'un arbre ou « d'une branche à l'autre jusqu'à la nuit, qui les oblige de se tapir « dans des refuges. Le lendemain. dès le point du jour, ils se remet- « tent à crier, à frétiller jusqu'au lever du soleil ; alors ils regagnent « par bataillons séparés les champs ou les buissons. Pendant l'Hiv. ils

« se logent souvent pour dormir dans la même cavité d'arbre, de roc « ou de vieille muraille, et s'y serrent au fond pour mieux se préserver « du froid..... » (Bailly).

Nourriture. En Eté, Insectes, Chenilles, Sauterelles, Hannetons, etc. En Aut. froment, orge, pois, semences diverses. (Bechst.).

Propagation. Niche dans les trous et sur les branches des arbres. Quelquefois dans les Nids d'*Hirondelles*. (Degl. et Gerbe).

Nid semblable à celui du *P. domesticus*, mais jamais recouvert en dessus, ni sphérique; n'est pas placé dans des trous bien profonds, de sorte que les matériaux dont il se compose ressortent au dehors. Cupule profonde, garnie souvent de plumes seules. (Thienem.).

Œufs (5-7) plus petits que ceux du *P. domesticus*, et comme eux fort variables par la couleur. Le plus ordinairement ils sont gris, ou d'un brun clair, avec de fines stries plus ou moins nombreuses, d'un gris brun ou d'un noir violet. Ces stries sont quelquefois si multipliées qu'elles couvrent entièrement le fond de la coquille. $0^{m}02$ sur $0^{m}014$ à $0^{m}015$. (Degl. et Gerbe).

Ces œufs peuvent se confondre avec ceux de l'*Anthus pratensis*. Ils s'en distinguent par une coquille plus forte, des pores plus grands, et par plus de vivacité dans la teinte des taches. (Thienem.).

Thienemann, *Fortpflanzungsg.* p. 426. pl. XXXIV. f. 13. a. b. c. d. Bädecker, Pässler et Brehm. *D. Eier d. Europ. Vög.* pl. 12. f. 6.

www.ingramcontent.com/pod-product-compliance
Lightning Source LLC
LaVergne TN
LVHW010008230826
846092LV00002B/713